De la part de Madame A. BRÜLL.

117, Boulevard Malesherbes.

A. BRÜLL

1836-1911

A. BRÜLL

(1836-1911)

Achille Brüll, ancien élève de l'Ecole Polytechnique, ancien président de la Société des Ingénieurs Civils de France est décédé le 31 mai 1911 dans sa soixante-quinzième année. Tous ceux qui l'ont connu ont pu apprécier ses hautes qualités d'Ingénieur, sa science profonde en matière de questions industrielles et son jugement sûr dans les conseils qu'on lui demandait.

A sa sortie de l'École Polytechnique, il s'est adonné à l'industrie. Attaché à la Compagnie des chemins de fer du Nord, il fut préposé au contrôle des achats du matériel.

Remarqué par ses chefs pour son intelligence, il fut appelé à la direction de la mine d'Auchy-au-Bois par un groupe d'éminents ingénieurs qui s'étaient intéressés dans cette concession de mines de houille située dans le bassin du Pas-de-Calais. Il sut dans ce poste tirer le meilleur parti d'une situation rendue difficile par des travaux exécutés dans une région encore peu connue du bassin et put indiquer aux successeurs la voie à suivre pour obtenir une exploitation normale.

Il s'occupa ensuite avec Nobel, l'éminent chimiste inventeur de la dynamite, de la fabrication de ce nouvel explosif. En 1870, pendant le siège de Paris, il se chargea de faire connaître au

Gouvernement la puissance destructive de cette poudre. Il ne se contenta pas de procéder à des expériences devant des commissions militaires pour démontrer avec quelle facilité on pouvait détruire tous les obstacles, il constitua un corps de dynamiteurs qui firent des essais pratiques devant l'ennemi à la Jonchère près de Rueil en détruisant les murailles derrière lesquelles s'abritaient les Prussiens.

Après la guerre, il aida, par des écrits où la dynamite était étudiée scientifiquement, à propager l'emploi de cette poudre dans l'industrie minière.

Il en fit usage dans l'exploitation de minerais de fer en Algérie. Dans cette même mine, il établit dans des conditions difficiles, un transport par chaînes flottantes sur un parcours de sept kilomètres, hérissé de montagnes élevées, en utilisant la différence de niveau entre le point de départ et le point d'arrivée pour obtenir la force motrice nécessaire. Brüll étudia dans des mémoires techniques ce procédé de transport alors nouveau et en fit d'autres applications, notamment en Espagne, aux mines de Bilbao.

Sa tendance d'esprit était surtout d'étudier les problèmes si variés qui se présentent en industrie et c'est à cette besogne qu'il se consacra désormais. Il ne se cantonna jamais dans une spécialité; ses goûts le portaient surtout vers l'étude des questions minières : mais au cours de sa carrière, favorisé par une grande puissance de travail et d'assimilation, il aborda successivement au gré des circonstances l'étude des questions les plus diverses : mécanique, électricité, industries chimiques, construction..... peu de branches dans l'art de l'ingénieur lui étaient demeurées étrangères. Son esprit exact, reconnu par tout le monde, lui a valu d'être consulté dans bien des occasions par ceux qui voulaient avoir l'avis d'un ingénieur compétent et sûr. C'est ainsi qu'il fut chargé de missions nombreuses et variées en France et à l'étranger.

Outre ces missions d'études, il fut souvent chargé d'expertises soit judiciaires, soit extrajudiciaires; dans ces délicates fonctions, sa bienveillance naturelle le servait au moins autant que sa science et il lui arriva plus d'une fois de renvoyer réconciliés et contents les deux adversaires qui s'étaient présentés à lui.

A côté et comme en prolongement de ses occupations professionnelles, Brüll prit une part active au mouvement technique de son époque. Il serait trop long d'énumérer ici les nombreux groupements auxquels il prêta son active collaboration. Dans nombre d'entre eux, la confiance de ses collègues le porta aux postes les plus enviés.

Ainsi fut-il en 1887 élevé à la présidence de la Société des Ingénieurs Civils de France dont il a été pendant toute sa carrière et dès ses débuts un membre actif et dévoué.

A la Société d'Encouragement pour l'industrie nationale dont il fut quelque temps le vice-président, pendant de longues années et peut-on dire jusqu'à sa dernière heure, puisque la mort le surprit au milieu d'une de ces études, il fit de nombreux rapports sur les inventions soumises à l'examen de la Société.

Brüll avait un faible pour les inventeurs ; non seulement à la Société d'Encouragement mais aussi dans d'autres groupements tels que la Société des Inventeurs et Artistes industriels, l'Association pour la Protection de la propriété industrielle, il s'occupa sans cesse d'améliorer leur sort.

Dans un ordre d'idées tout différent, il suivit longtemps les travaux de la Société d'Hygiène publique et de Médecine professionnelle dont il fut le vice-président.

Il avait été nommé en 1888, lors d'une mission en Égypte, membre honoraire de l'Institut Égyptien.

Brüll fit partie d'un certain nombre de commissions techniques en faveur desquelles on fit appel à son dévouement et à sa science ; c'est ainsi qu'il fut membre de la Commission que le ministre des Travaux publics institua en 1891 pour l'étude de l'unification des méthodes d'essai des matériaux de construction, il fut appelé par ses collègues à être vice-président de l'une des sections de cette Commission. La municipalité de la ville de Paris le nomma également membre de la

Commission de la Fumivorité, chargée d'étudier les appareils nouveaux destinés à diminuer les inconvénients de la fumée.

Brüll était un homme de haut caractère, un homme de bien que regrettent surtout ceux qui ont vécu dans son intimité et ont pu l'apprécier en l'aimant. A ces qualités viennent se joindre une parfaite affabilité et un cœur généreux ; aussi n'avait-il que des amis.

E. Chevalier.

DISCOURS

Prononcé par M. J. CARPENTIER

MEMBRE DE L'INSTITUT
PRÉSIDENT DE LA SOCIÉTÉ DES INGÉNIEURS CIVILS DE FRANCE

MESDAMES, MESSIEURS,

C'est avec un sentiment de sincère et profonde tristesse que la Société des Ingénieurs Civils de France, dont j'ai l'honneur d'être ici l'interprète, voit disparaître l'un de ses affectionnés anciens Présidents, M. Brüll, qui tenait à elle par un long et étroit attachement. Dès le début de sa carrière, attiré vers elle comme vers un foyer vivifiant, Brüll avait voué à notre Société une inaltérable fidélité, et jusque dans ses dernières années, c'est-à-dire plus d'un demi-siècle après son admission, il se plaisait encore à suivre ses travaux et se préoccupait de tout ce qui touchait au développement de sa grandeur.

Brüll a puisé sa formation à l'École Polytechnique, où il entra en 1855. A sa sortie, le hasard des circonstances, qui joue un si grand rôle dans l'orientation de l'existence humaine, le poussa vers l'industrie des chemins de fer, laquelle absorbait alors tant d'ardentes activités. Il venait de débuter à la Compagnie du Nord dans de modestes fonctions quand, dès 1858, Petiet et Nozo, ses maîtres, l'introduisirent dans notre Société, qui tenait une si grande place dans leur pensée. Depuis cette époque, et pendant de nombreuses années, Brüll s'appliqua, comme il le disait lui-même, à suivre attentivement les études qui occupent nos séances, s'y mêlant à l'occasion et profitant du magnifique enseignement qui se dégage des discussions si variées et si intéressantes auxquelles elles donnent naissance. Il aimait à se dire élève de la Société des Ingénieurs Civils de France et se réjouissait d'avoir pris tous ses grades dans cette grande École et d'y avoir reçu des récompenses enviées.

La vérité est que, dans ce milieu essentiellement actif et éclairé il se dépensa plus qu'aucun autre et qu'il apporta à la vie commune presque autant d'aliments qu'il en absorbait. Doué d'une grande netteté de vues et d'une puissante mémoire, particulièrement habile à condenser les questions et à les rendre assimilables à un auditoire d'ingénieurs, il était toujours prêt à prendre la parole et à faire devant ses collègues le profitable exposé de quelque attachant sujet. A cette époque, la Société n'était point encore organisée en sections ; le recrutement des communications ne se faisait point sans quelques difficultés : quels services Brüll ne rendit-il pas plus d'une fois à certains présidents embarrassés, en improvisant presque au pied levé une conférence extraite de son inépuisable cerveau ! Son dévouement, réservé mais toujours prêt, était connu de tous et forçait l'attention sur lui. Aussi fut-il de très bonne heure (1864-1865) appelé à remplir les fonctions de Secrétaire, puis à faire partie du Comité, où il siégea près de dix ans, ensuite à occuper, pendant huit années presque consécutives, un fauteuil de Vice-Président. C'est par cette voie que, en 1887, il fut porté à la Présidence de la Société des Ingénieurs Civils de France.

Cette Présidence, il l'avait calmement, mais ardemment ambitionnée ; elle a été une des grandes joies de sa vie : « Rien, proclamait-il, ne peut procurer à un homme de travail une plus douce satisfaction, un plus légitime orgueil qu'un aussi éclatant témoignage de l'estime et de l'affection de ses pairs. La fortune, les grandeurs, qui font, dit-on, le bonheur, ne peuvent le donner avec autant de plénitude, avec la même sécurité. »

Actif comme il l'était, Brüll ne put se confiner dans le

domaine étroit d'une spécialité. Il toucha à de nombreuses branches de l'art de l'Ingénieur et partout fit preuve d'une aptitude spéciale pour d'heureuses réalisations. D'abord ingénieur de chemins de fer, il alla chercher à l'étranger, en Espagne, un champ d'applications élargi pour ses connaissances techniques. Attiré par l'intérêt des questions métallurgiques, alors à l'aube de leur développement, il se fit l'apôtre de la substitution des aciers au fer dans la construction des machines. Il combattit les préjugés qui résultaient d'une connaissance incomplète des propriétés si diverses des composés carburés et s'efforça de faire apprécier les ressources créées par la variété de ces composés.

Devenu Directeur des Mines de charbon d'Auchy-au-Bois, il s'attela successivement à l'étude approfondie de deux instruments essentiels dans l'exploitation minière : la dynamite et l'outillage des transports. En ce qui concerne la dynamite, non seulement il la considéra au point de vue théorique, mais il se préoccupa de ses applications et alla jusqu'à entrevoir son utilisation à la défense nationale. Quant à l'outillage des transports, il contribua lui-même largement à son amélioration en imaginant son système de chaînes flottantes, dont il fit plusieurs belles installations : à Aïn Sedma, à Bilbao, à Dicido. Le mémoire qu'il rédigea au sujet de cette dernière installation lui valut, en 1884, le prix annuel de notre Société. Bien d'autres questions accaparèrent son attention et absorbèrent des portions de son temps : celui qui vous parle craindrait de vous lasser rien que par leur énumération.

Brüll appartenait à l'une des générations qui assistèrent désolées aux désastres de l'Année Terrible. Encore en pleine vigueur de l'âge, il ne put se résoudre à rester inactif en face de nos défaites et s'enrôla dans les troupes auxiliaires. Successivement sous-lieutenant dans la garde nationale, puis lieutenant de canonniers volontaires, il finit par commander, comme capitaine d'artillerie, le corps franc de dynamiteurs et il eut ainsi la consolation de mettre au service de la Patrie ce qu'il avait de meilleur, son cœur et sa science.

Si réelle, si notable que fut sa valeur, Brüll fut un modeste
et ne cessa de le demeurer ; il ignora totalement l'art de se
pousser ; l'estime qu'il inspira à tous ceux qui l'ont connu s'im-
posa pour ainsi dire malgré lui. Il ne savait pas briguer les
honneurs. Aussi, au moment où il fut placé à la tête de notre
Société, il n'était point décoré. Il fallut l'intervention d'un
homme influent, de M. Reymond, son successeur et son ami,
pour lui faire donner la croix. Encore, en ce moment, fut-on si
étonné dans les sphères gouvernementales, de constater que sa
boutonnière était restée vierge, qu'on ne put résister au besoin
de faire une enquête, afin de découvrir des causes cachées
à un fait aussi incompréhensible. Ainsi sa réserve faillit
tourner contre lui. Il eut du moins une bien douce compensation ; en mars 1891, c'est en pleine séance de la Société des
Ingénieurs Civils de France, c'est des mains d'un ministre
des Travaux publics qu'il reçut cette croix de la Légion
d'Honneur.

Brüll occupa, dans l'industrie, des postes importants, et, par
surcroît, accepta de nombreuses missions d'arbitrage et d'ex-
pertise, partout il se fit remarquer par la solidité de ses qualités intellectuelles et morales. Doué d'un caractère droit et
d'un jugement sûr, il était foncièrement honnête. Dans toutes
les affaires dont l'instruction lui fut confiée, ses rapports, étudiés à fond, renfermaient tous les éléments d'information,
allant presque jusqu'à la minutie ; on y reconnaissait à chaque
ligne le vif désir d'arriver à la solution juste et vraie. Dans la
discussion sa parole écartait scrupuleusement tout ce qui pouvait avoir une apparence de personnalité ; mais, quoique toujours courtoise dans la forme et conciliante, elle n'excluait pas
la fermeté. Son propre fut de demeurer constamment pareil
à lui-même : ingénieur intègre, sérieux, de grand savoir technique et pratique : franc et cordial, vraiment bon et sans ran-
cune envers ceux qui ne partageaient pas et même combattaient
ses idées.

Homme d'intérieur, profondément attaché aux siens, il laisse
après lui de poignants regrets. Tous ses amis, tous ses collè-

gues compatissent profondément à la douleur de sa veuve
et de ses enfants. Une pensée doit les soutenir. Celui qu'ils
pleurent a vécu une belle vie; il lègue le souvenir d'un parfait
honnête homme.

DISCOURS

Prononcé par M. E. BERTIN

MEMBRE DE L'INSTITUT
PRÉSIDENT DE LA SOCIÉTÉ D'ENCOURAGEMENT POUR L'INDUSTRIE NATIONALE

La Société d'Encouragement pour l'Industrie nationale doit un juste tribut de regrets à M. Achille Brüll qui a été pendant cinquante et un ans l'un de ses membres les plus actifs et les plus dévoués, qui a été son vice-président pendant trois années, de 1904 à 1907, qui, en cette qualité, a donné la mesure de sa haute valeur technique et administrative, qui y a compté enfin autant d'amis que de collègues.

Dans le Comité de mécanique surtout, où M. Brüll à siégé vingt-sept ans, assistant ponctuellement à toutes les séances, et présentant presque toujours un rapport sur quelque invention nouvelle, son rôle a été de premier ordre et sa disparition laisse un vide difficile à combler.

Dans les questions importantes, où il était rapporteur, sa haute valeur technique assurait à ses jugements une autorité définitive. Les plus modestes inventions étaient, de sa part, l'objet d'une étude non moins consciencieuse où se manifestait surtout la bienveillance naturelle et l'infinie bonté avec laquelle il s'intéressait aux mérites les plus humbles sans jamais leur ménager ni son temps ni sa peine. Dans la clientèle nombreuse qui a recours à notre Société, c'était vraiment une chance heureuse que celle d'avoir M. Brüll pour rapporteur; c'était l'espoir le mieux fondé de trouver une aide, un appui, des encouragements.

Si, de l'autre côté du seuil que M. Brüll a franchi en nous devançant, dans la grande lumière qui ne doit jamais avoir de crépuscule, les inventeurs qui l'ont précédé sont éclairés aujourd'hui sur la valeur de leur œuvre et le mérite de celui qui les a si souvent jugés, M. Brüll a sûrement trouvé une escorte accueillante. C'est comme un écho lointain aux paroles de regret, avec lesquelles nous lui adressons ici notre adieu suprême.

DISCOURS

Prononcé par M. J. ARMENGAUD jeune.

Madame, Messieurs,

Après que l'éminent président de la Société des Ingénieurs Civils de France vient de vous parler de Brüll comme ingénieur, d'énumérer ses travaux techniques et de signaler les services qu'il a rendus dans les Sociétés où il a occupé une place si importante, il m'est réservé de dire quelques mots sur l'ami sûr et fidèle que je perds en lui.

Selon moi le plus grand éloge que l'on puisse faire d'un homme c'est de dire que l'on était heureux et fier de posséder son amitié. C'est plus que jamais le cas, en ce qui me concerne, pour celui à qui nous rendons les derniers devoirs. Bien que guère plus âgé que moi, il y avait cependant entre nous trop de différence pour que j'ai pu connaître Brüll à l'École Polytechnique, qui est notre origine commune. C'est seulement à la Société des Ingénieurs Civils de France que je le rencontrai pour la première fois et tout de suite il se créa entre nous un courant de sympathie se transformant bientôt en une affection solide qui n'a fait que s'accroître pendant plus de quarante années de relations ininterrompues.

Je ne puis oublier que c'est lui qui m'encouragea dans mes premières communications à la Société et quand il fut chargé de les apprécier il ne me déplut pas de trouver en lui un juge sévère mais toujours bienveillant, et c'est avec satisfaction que j'aimais à tenir compte de ses critiques, toujours dictées par le savoir et le bon sens.

On a dit quelquefois qu'une excessive bonté est accompagnée d'un caractère faible et irrésolu. Il n'en était pas ainsi pour Brüll et si le fond de son tempérament paraissait empreint d'une indulgente mollesse, il savait montrer une grande fermeté pour défendre les actes que lui dictait sa conscience. Il était par-dessus tout l'ennemi des compromissions.

Dans les affaires où nous avons eu à collaborer ensemble j'ai constaté que son scrupule allait jusqu'à se défier de lui-même, mais il se reprenait bien vite grâce au désir qu'il avait de rechercher avant tout la vérité et de faire la pleine lumière sur les questions soumises à notre examen. Il ne se contentait pas d'à peu près ; il lui fallait les explications les plus sincères et les plus complètes. Malheur à ceux qu'il avait à juger comme expert ou comme arbitre s'ils avaient cherché à surprendre sa bonne foi ; c'est pourquoi dans la plupart des cas son opinion prévalait et chacun s'y ralliait sans hésitation.

Cependant sa grande modestie l'empêchait de se mettre en avant et je ne crains pas de dire qu'elle l'a empêché d'occuper les situations auxquelles l'appelaient son esprit élevé et son mérite.

Nos occupations un peu diverses et les circonstances de la vie ne m'ont pas permis de fréquenter Brüll autant que je l'aurais voulu. C'est surtout dans ces dernières années, depuis le moment où s'était manifesté le germe de la maladie qui l'a enlevé, qu'il vivait plus retiré, ne sortant jamais le soir mais ayant comme compensation la douceur du foyer près de la digne compagne qui, par la constance de son dévouement, a réussi à prolonger son existence menacée par la destinée.

Ce n'est guère que dans la journée que nous pouvions nous trouver ensemble, notamment lorsque nous revenions d'une des réunions du Comité de la Société d'Encouragement. C'était une grande joie pour moi lorsque sa promenade l'amenait dans mes parages et en m'abordant il s'excusait toujours d'une visite qui était un plaisir et non un dérangement pour moi.

Quelque peu sceptique lorsque je lui parlais des conceptions un peu prématurées de certains inventeurs, un fin sourire éclairait son visage quand il saisissait au passage une idée qui lui semblait avoir un caractère de réalisation pratique et ainsi souvent il a aidé de sa bourse et d'une façon tout à fait discrète et désintéressée un chercheur peu fortuné et méritant.

Brüll était pour moi un frère aîné à qui l'on peut confier ses plus intimes pensées. Avec son intelligence sage et pondérée personne ne s'entendait mieux que lui à adoucir les amertumes, à calmer les irritations, à chasser les soucis de celui qui l'avait pris comme confident ; en un mot de son contact avec lui on sortait comme rasséréné.

Adieu donc, mon cher Brüll, tu ne disparais pas à tout jamais. Tu laisses à tous et à ton fils en particulier l'exemple d'une carrière noblement remplie. Tous ceux qui t'ont connu conserveront ta mémoire comme celle d'un parfait honnête homme doué d'une belle âme et d'un cœur loyal et aimant.

DISCOURS

Prononcé par M. CHEVALIER

Mon cher Brüll,

Reçois ici les adieux de ton vieux camarade qui depuis l'année 1855, époque de notre entrée à l'École Polytechnique, n'a cessé d'avoir eu avec toi les liens d'amitié qui unissent deux cœurs s'estimant réciproquement.

Dès le début de nos carrières nous avons constamment marché côte à côte dans la vie industrielle : tandis que sous la haute direction de Le Chatelier, cet ingénieur éminent qui présidait aux œuvres techniques des Péreire, tu étais chargé des approvisionnements multiples qu'exigeait la création des chemins de fer du Nord de l'Espagne, je prenais la conduite des travaux des mines que possédait dans ce pays le Crédit mobilier espagnol. Souvent nos deux services nous rapprochaient l'un de l'autre. Plus tard, lorsque je rentrai en France, en l'année terrible de 1870, nous formions ensemble, sous le nom d'Établissement Brüll et Chevalier, le corps des canonniers volontaires, chargé de la défense de l'un des bastions de l'enceinte de Paris. C'est durant ce siège que nous avons fait ensemble devant des commissions militaires, des expériences démontrant la force destructive de la dynamite que venait d'inventer Nobel, et dont tu as fait l'application, devant l'ennemi, dans une sortie de Paris qui eut lieu dans les environs de la Malmaison, près de Rueil.

Ta conduite courageuse n'a reçu sa récompense que bien après, car ton caractère modeste a toujours été cause de ton effacement. Cependant, à l'occasion de ta nomination comme président de la Société des Ingénieurs Civils de France, des amis influents t'ont fait rendre justice en obtenant pour toi la croix de chevalier de la Légion d'Honneur, distinction que tu avais si bien méritée par tes travaux et par ta conduite pendant le siège de Paris.

Depuis cette douloureuse année de 1870 nous n'avons cessé de travailler d'un commun accord à des œuvres créées ensemble comme par exemple le transport par chaîne flottante à travers les montagnes de Collo, en Algérie, pour amener à la mer des minerais de fer. A Bilbao, en Espagne, tu as su résoudre des problèmes difficiles de transport par l'application de cette même méthode. Ton jugement toujours sûr, tes conseils écoutés avec empressement t'ont appelé à rendre de grands services aux industriels et aux capitalistes qui te consultaient avec la plus grande confiance, ce qui t'a donné l'occasion de faire de nombreuses missions en France et à l'étranger.

Que d'heures inoubliables je passais avec toi en discutant les questions soulevées par ces études si intéressantes. Combien je constatais, dans ces moments de conversation intime, la profondeur et la rectitude de ton jugement.

Je perds en toi, mon cher Brüll, non seulement un ami dont la liaison a duré inaltérable pendant cinquante-six ans, dans une union complète de sentiments de profonde estime et de profonde affection, mais encore un guide sur lequel j'ai toujours pu compter. Si ta femme et ton fils pleurent un mari et un père modèles, je pleure, avec un chagrin immense, l'homme que j'ai connu depuis de si nombreuses années comme étant l'être le plus honnête, le plus dévoué à ses amis et le meilleur des camarades.

Au nom de ces derniers dont je suis sûr d'être l'interprète, je te dis un douloureux adieu qu'ils t'adressent par ma bouche.

Adieu, mon cher Brüll.

DISCOURS

Prononcé par M. SALOMON

Mesdames, Messieurs,

J'apporte à mon éminent ami Achille Brüll l'adieu suprême de la Société pour la propagation de l'incinération. Brüll avait été l'un des fondateurs de notre Société ; depuis de longues années, il appartenait à son comité où il avait remplacé Émile Muller, l'un de ses prédécesseurs à la présidence de la Société des Ingénieurs Civils de France.

Ingénieur distingué, Brüll signala avec nous l'imperfection du premier four crématoire installé ici-même, en 1889, par l'Administration municipale et indiqua les moyens d'y remédier. Cet appareil nécessitait des manœuvres rudimentaires qui froissaient le sentiment de l'assistance et une durée d'opération dépassant deux heures ; les appareils actuels à feu continu opèrent presque automatiquement en moitié moins de temps. Si faible que soit cette durée par rapport à celle que nécessite la décomposition lente et putride des cadavres dans la terre, nous nous sommes efforcés avec Brüll de la réduire encore et d'adoucir ainsi la douleur de cette cruelle attente. Avec lui nous désirions, nous rêvions — la pratique a d'autres exigences — que le corps disparût pour ainsi dire instantanément, comme on passe de vie à trépas.

Dans cet esprit, notre Société a ouvert dernièrement un concours d'appareils, sous la direction d'une commission technique au sein de laquelle Brüll nous aida largement de son grand savoir, de sa haute expérience.

Esprit ouvert à toutes les idées de progrès, il voyait dans l'incinération un moyen d'amélioration de la santé publique.

En 1894, il représenta notre Société au Congrès international d'hygiène de Buda-Pesth. Dans un rapport des plus documentés, des mieux étudiés, comme d'ailleurs tous les travaux de ce savant consciencieux, il établit les dangers et les inconvénients de l'inhumation, les avantages du feu et exposa l'état de la question en France. Pour conclure, il s'efforça suivant une habitude — nos détracteurs disent une manie française — d'étendre hors de nos frontières les bienfaits de ce progrès, en faisant adopter des vœux ainsi conçus :

« Le Congrès émet le vœu que les gouvernements fassent disparaître les obstacles législatifs qui s'opposent encore à l'incinération. »

« Le Congrès désire que dans les pays où les lois permettent l'incinération, ce mode de destruction des corps qui protège mieux qu'aucun autre la santé publique soit favorisé par toutes les mesures qui sembleront favorables à sa rapide propagation. »

L'auteur de ces vœux généreux les a partiellement vus se réaliser au cours de ces dernières années pendant lesquelles, sans compter avec ses forces, il n'a cessé d'agir en faveur de notre cause.

A sa veuve qui exécute strictement ses dernières volontés, à son fils qui, lui aussi, s'est penché sur l'appareil crématoire pour arracher quelques minutes à l'œuvre de purification, je veux dire le souvenir reconnaissant que voueront à la mémoire de Brüll les adeptes de l'incinération, je veux dire la tristesse, les regrets que m'inspire la perte de l'ami, du confrère dont, dans les milieux les plus divers, au cours d'une carrière déjà longue, j'ai pu apprécier la rectitude du jugement, la droiture du caractère et l'inaltérable bienveillance.